未来能源

探索月球

神奇地球

神秘机器人

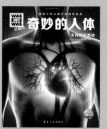
奇妙的人体

深海之谜

太空之旅

走进热带雨林

宇宙中的星体

伟大的发明

神奇的火车

沙漠之旅

显微镜探秘

野生动物

奇趣萌宠

鸟类不简单

神秘的古埃及

印第安人

伟大的探险家

未来世界

蛇的故事

考古探秘

马的生活

舞蹈的魅力

生物质资源

石器时代

第一辑·全10册
第二辑·全10册
第三辑·全10册
第四辑·全10册
第五辑·全10册
第六辑·全10册
第七辑·全8册

**WAS IST WAS**

学习源自好奇 科学改变未来

U0182229

# WAS IST WAS

# 飞机的秘密

## 人类飞行的梦想

［德］马丁·卡鲁札／著　　林碧清／译

航空工业出版社

方便区分出
不同的主题!

# 真相大搜查

# 8

他叫奥托。猜猜看，
他这次飞得起来吗？

**4**

这位年轻人大胆
地飞了出去，一
举成名。

**16** 飞机的鼻子里，
藏着千里眼。

**19** 这架飞机上可以
坐 853 名乘客。

符号箭头 ▶
代表内容特别有趣！

那么多的仪器、开关和操纵杆！你想试试看吗？

**28** 冰天雪地里，机身必须先除冰才能再起飞。

**40** 直升机没有机翼，为什么能飞呢？

**43** 森林发生大火也不用怕，我们有消防飞机！

**45** 穿上飞行背包，就可以变成单人喷气机。

**重要名词解释**

林白在"圣路易斯精神号"前留影，他就是驾驶这架飞机飞越的大西洋。

# 天空中的英雄

1927 年 5 月 20 日，在纽约的罗斯福飞行场，查尔斯·林白独自爬上了飞机。这是一个空前的冒险计划，他想要成为世界上第一个飞越大西洋的人，而且是单独飞行、中途不着陆。他办得到吗？林白坐在"圣路易斯精神号"上，飞机开始加速。这架单引擎飞机在颠簸的跑道上，上上下下弹跳着，终于离开了地面。每弹跳起来一次，轮子就距离地面高一点，到了第四次，飞机终于升空——惊险地掠过架设在机场后面的电话线。沿着美国的海岸线和纽芬兰，飞机静静地飞着。天黑之前，林白就飞到了开阔的大西洋上空。在没有月亮的夜晚，隐约可以看见冰山的轮廓。乌云飘过来了，他本想从中间穿过去，但是飞机上开始积雪。林白意识到这种气候的危险性，从此碰到云层就会设法绕过。他一般飞行在 3000 米的高度，但有时天气不佳，会迫使他下降到只有 3 米的飞行高度。

查尔斯·林白穿越大西洋的壮举，受到非常热烈的欢迎，很多人都想见他一面。返回美国的途中，他在伦敦短暂停留，群众夹道欢迎。

## 查尔斯·林白

在尝试飞越大西洋之前，林白已经有 2000 个小时的飞行经验。他驾驶的是圣路易斯跟芝加哥之间运送邮件的飞机，因此在圣路易斯有很多的人愿意借钱给他，帮助他实现这个计划。为了表达谢意，他就用这个城市的名字为"圣路易斯精神号"命名。

## 知识加油站

► 查尔斯·林白在他的创纪录飞行途中，只带了 5 个三明治充饥。着陆之后，他表示自己只吃了一个半！

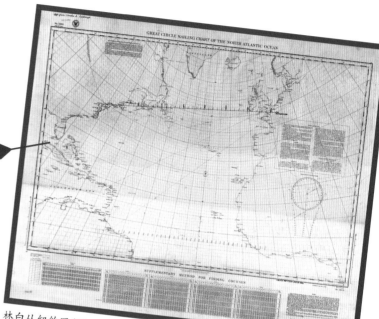

航 线

林白从纽约罗斯福机场出发，沿海岸线向北飞往纽芬兰。在大西洋上飞行 27 小时后，林白才再次看到陆地，也就是爱尔兰的西海岸。

## 战胜瞌睡虫

过了几个小时，林白开始感到疲倦。这是理所当然的，因为在起飞之前，他就已经有 24 个小时没睡觉了，但是他必须跟这种疲倦奋战，绝不可以睡着！他屡次把边窗打开，在冷风的吹袭下强迫自己保持清醒。到后来，连自己也不清楚到底有没有打过瞌睡。

## 轰动一时的大事件

待在空中一夜无眠，经过一整天之后，林白看到一艘渔船，这表示距离爱尔兰的陆地不远了。这位 25 岁的美国人以海岸线作为指引，为了减轻飞机的重量，他放弃了导航设备，只带了地图和罗盘。从法国的海岸线开始，林白对照着地图飞行。他认得巴黎的雪铁龙汽车广告，这个灯光广告牌当时就安装在埃菲尔铁塔上。经过 33.5 小时后，林白终于成功降落在巴黎！他成为第一个独自飞越大西洋而且中途不着陆的飞行员。15 万名好奇的观众一拥而上，为他的壮举欢呼。当天晚上，林白在美国大使馆首度接受访问。他对惊讶不已的记者们解释说，飞机上的油料还够再飞 800 多千米，然后又有点得意地说："我自己都很诧异，这么快就可以飞到欧洲了。"在今天，飞越大西洋早已成为司空见惯的事，但是在查尔斯·林白的那个时代，这实在是一项壮举。他写下了人类飞行史上崭新的一页！

## 圣路易斯精神号

查尔斯·林白用来缔造世界飞行纪录的飞机，是由圣地亚哥的瑞安航空公司特别制造的。特别的是，这架飞机的驾驶舱并没有安装挡风板，因为一个巨大的油料箱就挡在飞行员面前。林白不希望把油料箱安装在机尾，他认为这种设计在着陆时容易发生危险。"在正常的飞行状况下，根本不需要往前看。"林白对飞机制造商的首席工程师说："我只需要两边都有个窗子可以望出去。"为了预防万一真的必须观察前面的情况，他还在飞机上装设了潜望镜。

# 会飞的神

罗马神话里的爱神丘比特背上长着翅膀。他带着弓和箭，只要把箭射向人的心上，那个人就会坠入爱河。

不管是振翅而飞，还是悠闲地滑翔。要是可以像鸟那样飞行，该有多好！如果可以轻松飞越一面高墙，该有多方便！

人类长久以来都怀有飞行的梦想，而且常常表现在传说中的神话人物身上。3000 年前，希腊人相信有一名神的信使叫作赫尔墨斯，他就像罗马神话里的爱神丘比特一样会飞。阿兹特克人敬拜名为"羽蛇神"的神祇，他是一条长有羽毛会飞的蛇，与中国的龙颇为相似。直到今天，印度人还信仰毗湿奴，这位神祇虽然自己不会飞，但可以骑在一只被称作"迦楼罗"的半鹰半人的动物身上飞翔。日耳曼和冰岛的传说中，有位半神半人的铁匠维兰德，当他被国王尼东囚禁起来时，用羽毛制作了一件羽衣，轻松地逃了出去。

## 伊卡洛斯掉下来了

所有飞行传奇中最有名的，就是伊卡洛斯的神话，这是一个关于逃狱的故事。伊卡洛斯和他父亲代达罗斯被米诺斯王囚禁在克里特岛。代达罗斯为儿子做了一对翅膀，是将许多鸟的羽毛用蜡黏在一起做成的。代达罗斯警告儿子："不要飞得太低靠近水面，不然会掉进海里！也不要飞得太高接近太阳，不然会被烧毁！"他们各自绑上翅膀，像鸟儿般轻盈地飞离了被囚禁的地方。但是伊卡洛斯忘了父亲的警告，自顾自沉醉在美妙的飞行中，越飞越高，越来越接近太阳。结果在太阳底下，蜡融化了，羽毛散落开来，伊卡洛斯也掉进海里了。

## 会飞的裁缝师

贝尔布林格是一位很有才华的人，大家称他为乌尔姆的裁缝师，但这个人的运气实在不好。1811 年，他带着自己建造的飞行机器，爬到 20 米高的高架上跳了下来，结果他的飞行梦瞬间就破灭了！贝尔布林格扑通一声掉进了多瑙河里，成了围观群众的笑柄。事后证明他只是时运不济，因为 175 年之后有人成功了，证明当时如果有上升气流的话，贝尔布林格所用的滑翔装置应该可以飞行。可惜当时多瑙河面形成的是下沉气流。

达·芬奇在 500 年前绘制了飞行器，这是后人依照他的设计图所制作出来的成品。

## 天才人物

达·芬奇（1452—1519）非常多才多艺，他是科学家、发明家、建筑家、雕刻家及画家——有名的《蒙娜丽莎》就是他的作品。达·芬奇曾经很仔细地观察鸟是怎么飞的，还把观察的结果写成了四本书，甚至动手制作了一些飞行器。其中有一个飞行器具有像蝙蝠那样的翅膀，可以让人戴在手臂上拍翅，但是他自己也注意到了，单凭人的力气，是没办法用这种翅膀飞起来的。

此外，达·芬奇还想出类似直升机的飞行装置，这个聪明的发明家也在纸张上设计了一种降落伞。后来，有人按照他的设计图制作出一些成品，其中降落伞真的获得了成功！达·芬奇真可以说是一位超越时代的天才。

勇敢的一跃！尴尬的结局：1811年，在大庭广众之下，乌尔姆的裁缝师掉进了多瑙河。

越狱途中的空难：伊卡洛斯飞得太靠近太阳，翅膀上用蜡黏在一起的羽毛融化分解，最终坠入大海。

在纸上看起来很不错：这是贝尔布林格滑翔翼的设计图。

信差赫尔墨斯是众神之神宙斯的儿子。他戴着一个有翅膀的头盔，穿着长着翅膀的鞋子，飞得比光还要快。

## ➡ 你知道吗？

有史以来第一个飞起来的人类，是阿拉伯学者阿拔斯·伊本·弗纳斯。公元9世纪，他出生在科尔多瓦，位于现在的西班牙。用竹子和羽毛，他制作了一种飞行翼，可以绑在自己身上，并成功展示了一次滑翔飞行，在当时引起了很大的轰动。不幸的是，他在迫降着陆时伤了脊椎，但活了下来。直到今天，在阿拉伯世界里，弗纳斯依然像传说里的伊卡洛斯那么有名。

向大自然学习：这是仿效达·芬奇设计图所制作的飞行器具，看起来很像鸟的翅膀。

# 飞行的先驱

这张照片很有名：莱特兄弟的双翼飞机"飞行者"离开了地面，成为历史上第一架由发动机推动的飞机。

奥托·李林塔尔和古斯塔夫·李林塔尔兄弟曾经仔细地观察鸟类很多年，最喜欢的是鹳和秃鹰，他们想要仿效鸟类在空中滑翔。奥托把他的观察结果写在《鸟类飞行——航空的基础》这本书里。他和兄弟古斯塔夫一起建造出一种可以控制的飞行装置，到了 1891 年终于完成。奥托·李林塔尔带着滑翔翼在空中飞行，他在距离柏林不远的地方，德尔维兹附近的一座山丘上，经由一阵快速的助跑之后飞了起来。李林塔尔的第一次飞行距离是 25 米，接着又锲而不舍地试飞了 2000 次以上。两兄弟一再改良出更新型的滑翔翼，本来还计划在滑翔翼上安装发动机，但是奥托·李林塔尔却不幸在 1896 年 8 月 9 日意外坠落，摔断颈椎而死。

## 第一个借助发动机飞行的是谁？

几年后，美国的一对兄弟又写下了历史的新篇。威尔伯·莱特和奥维尔·莱特兄弟两个本来是俄亥俄州的自行车制造商，对于李林塔尔兄弟和滑翔翼的事迹略有所闻，并继他们之后走出关键的一步。他们制造了一种借助燃烧汽油推动的发动机，具有 12 马力。此外还尽量控制发动机的重量，让它轻到可以装在飞机上。1903 年 12 月 17 日，奥维尔展开了划时代的大冒险：在北卡罗来纳州基蒂霍克的沙丘上，他的机器终于离开地面，靠自己的动力飞了起来。这是历史上第一次的发动机飞行，但为时短暂，只有 12 秒钟，飞行距离是 36 米。然而在第 4 次试飞时，他们兄弟俩就达成 260 米、将近 1 分钟的空中飞行。从这时开始，人类的飞行之路进入了高速发展的新时代。

为了进行飞行试验，奥托·李林塔尔造了一个 15 米高的小山。这座被称为"试飞山"的小山，位于德国柏林的里希特菲尔德区，直到今天还保留着，同时也向游客开放参观。

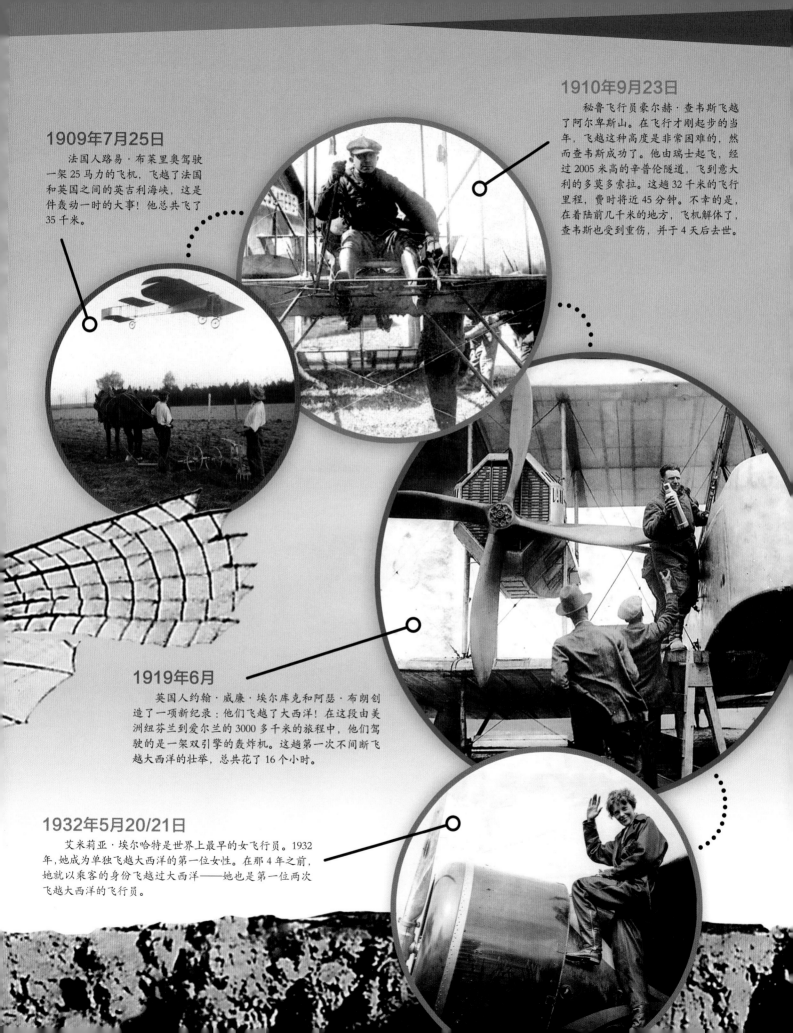

**1909年7月25日**

法国人路易·布莱里奥驾驶一架25马力的飞机,飞越了法国和英国之间的英吉利海峡,这是件轰动一时的大事!他总共飞了35千米。

**1910年9月23日**

秘鲁飞行员豪尔赫·查韦斯飞越了阿尔卑斯山。在飞行才刚起步的当年,飞越这种高度是非常困难的,然而查韦斯成功了。他由瑞士起飞,经过2005米高的辛普伦隧道,飞到意大利的多莫多索拉。这趟32千米的飞行里程,费时将近45分钟。不幸的是,在着陆前几千米的地方,飞机解体了,查韦斯也受到重伤,并于4天后去世。

**1919年6月**

英国人约翰·威廉·埃尔库克和阿瑟·布朗创造了一项新纪录:他们飞越了大西洋!在这段由美洲纽芬兰到爱尔兰的3000多千米的旅程中,他们驾驶的是一架双引擎的轰炸机。这趟第一次不间断飞越大西洋的壮举,总共花了16个小时。

**1932年5月20/21日**

艾米莉亚·埃尔哈特是世界上最早的女飞行员。1932年,她成为单独飞越大西洋的第一位女性。在那4年之前,她就以乘客的身份飞越过大西洋——她也是第一位两次飞越大西洋的飞行员。

# 飞行
## 的秘密

➡ **最高纪录**
# 3.50 米
当一只漂泊信天翁展开它的翅膀时，左右两端的宽度大约可达 3.5 米。它的翼展之大，没有其他鸟类比得上。

如果你搭乘过飞机去旅行的话，那么在机场时应该看过飞机了。你是否曾经有过这样的疑问：这么笨重的机器怎么可能离开地面，飘浮在空中呢？毕竟，一架空中客车 A380 飞机的最大起飞重量达 600 吨——相当于 100 头大象的总体重！

## 机翼下的推力！

飞行的秘密就在于流过飞机机翼的空气。如果仔细观察飞机的机翼，可以看到它不是水平的，而是有点倾斜：朝着机头的那边比较高，后面比较低。沿着机翼底下流过的空气，会把机翼往上抬。

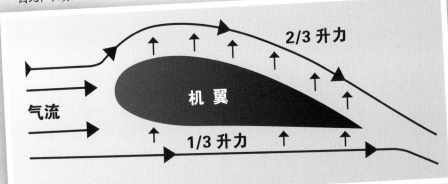

## 吹气实验

飞行的原理是根据伯努利原理所描述的气流效应，这种效应可以用一个简单的实验观察出来。以食指和大拇指拿着纸条的一端，让另一端往前面垂下去。然后沿着纸条上方，均匀地往前吹气，原本下垂的纸条会往上飘，这就是伯努利效应。你所吹出的空气流过纸条的上方，那里会产生负压，空气压力低于纸条下方的空气压力，使得下面的空气把纸条往上推挤。这种情形就像飞机的机翼一样，流过机翼下方的空气速度较慢、压力较大，会把机翼往上抬。

## 伯努利原理

机翼的形状做成这样，会使得从机翼上面流过的空气，比从下面流过的空气快。因此，机翼上面产生了负压，使得机翼被往上拉。

## 机翼上的吸力！

在 18 世纪，物理学家丹尼尔·伯努利发现，空气流过弯曲的表面时，会比流过平直的表面要快。这个发现立刻就被用来制造飞机：他们把机翼上方的表面做得微微弯曲，使得流经上方的气流会比下方的速度快。这个效应会使得机翼上方相对于下方产生了负压，也就是压力较低的意思——机翼便被往上吸。因此，飞机飘浮在空中的原理就是：一方面把机翼由下方往上推，另一方面也从上方往上吸。

## 往上挤压的空气

利用空气反作用力原理所产生的升力：当气流流过倾斜的机翼时，被机翼往下导引的空气，会产生反作用力，把机翼往上推。机翼四周有越多的气流往下冲，所得到的上推力就越大。例如，在开车时摇下车窗，把手掌伸出窗外，摆成机翼的模样，这时手掌的前缘越往上倾斜，就会有更多的空气迎向手掌心，这会让手掌被气流往上推。

## 早期的飞机

航空史上最早期的飞机是具有上下两层机翼的双翼机。两层的机翼虽然稳定度很高，但是飞得并不快。因此自 1930 年之后，人们几乎只建造单翼机。单翼机飞起来比双翼机快得多。

## 够强的气流！

为了让往上的吸力及推力足够强大，必须让气流以很高的速度流过机翼，因此要用螺旋桨或喷气式引擎来提高飞机的速度。大型客机的起飞时速大约是 250 千米，在这种速度下，会有足够多的空气流过机翼，产生足够大的升力，让整架飞机飘浮在空中。

## 压力测试

飞机的机翼并不是完全僵直不弯曲的，它们必须具有灵活的弹性，才不会容易折断。在设计新型的飞机时，机翼的测试相当重要，例如波音 787 客机的机翼可以往上弯曲高达 7.5 米。而且压力测试时的载重量，通常高于实际运用上最大的载重量。因此，机翼并不会那么容易就折断！

平流层发射巨型双体飞机是世界上最大的飞机，翼展长度达到 117 米。

飞机的机翼不仅灵活、有弹性，还必须载得动巨大笨重的发动机。就大型客机而言，每个发动机的重量超过 6 吨，大约是一头成年大象的重量！

# 喷气发动机

当一只小鸟从地面飞起来的时候，是用力拍着翅膀、振翅而飞的，但是飞机并不能这么做。飞机需要发动机，才能得到往前飞行的推力。这是因为飞机只有在够快的时候，才会产生足够的气流流过机翼，进而由机翼得到往上的升力。早期的飞机用的是螺旋桨发动机，不过想飞得更快更高则要用喷气发动机。现在大部分的大型飞机所用的都是喷气发动机。

**喷 口**
空气与航空燃油的混合气体，在燃烧室内被点燃、爆炸之后，由喷口喷出。这个向后的推力使得飞机可以往前推进。

**涡轮机**
涡轮机里带有叶片的桨轮吸收了爆炸的动能，进而带动前端风扇以及压缩机的桨轮。

**内部气流**
是指燃烧室内向后喷射的那股气流。

**风 扇**
巨型的扇叶把空气吸进发动机，进而推动飞机。

**燃烧室**
压缩过的空气及航空燃油会在这里混合，然后被点燃。

**压缩机**
由风扇吸进来的一部分空气会在这里受到强力的挤压。

**外围气流**
部分空气流经涡轮的外围，朝发动机后方推出去。这一部分由风扇带动的气流，也是喷气发动机推力的主要来源。

每隔3到5年，喷气发动机就会被完全拆解进行维修，技术人员会更换每个磨损的部件。像这种彻底的维修，要花好几个星期的时间。

巨大的拼图游戏：一个喷气发动机是由多达15000个独立组件构成的。

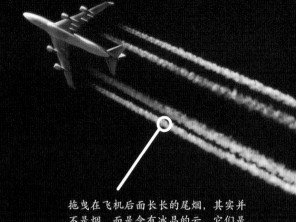

鸟群最好离飞机远一点：如果一只鸟被吸进喷气发动机的话，不只是鸟会丧命，连喷气发动机也会受到损害而停摆，这样会给飞机的航行造成很大麻烦。因此，飞机场的起降跑道四周都会有雷达或热感摄影机严密监控，只要有成群的小鸟接近，飞机就会立刻绕道而飞。但若飞机的高度是在离地面几千米以上，就几乎不会遇到这样的状况，因为鸟儿很少会飞到离地 300 米以上的空中。

拖曳在飞机后面长长的尾烟，其实并不是烟，而是含有冰晶的云，它们是由飞机发动机所喷出的热空气遇冷凝结而成的。因此，我们并不会看到这些凝结云直接从飞机发动机放出来，而是要等飞机经过好几米之后，它们才会冷却成形。

火山爆发时，飞机会停飞，否则这些尘云可能会损害发动机。

## 知识加油站

▶ 喷气式飞机是全世界声音最大的交通工具。

▶ 喷气式飞机在起飞的时候产生最大的噪声，因为此时发动机必须全力以赴。

▶ 声音的强度是以分贝为单位来测量的。平时谈话的声音大约是 40 分贝，婴儿吵闹的时候可以发出高达 90 分贝的叫声。压缩机大约是 100 分贝。

▶ 距离刚启动的飞机 10 米远的地方，音量高达 120 分贝。

## 以风扇及反作用力向前推进

喷气发动机的工作原理其实很简单：它把空气由前方吸进来，再以很高的速度往后喷射出去。向后喷射空气所产生的反作用力会推着飞机往前移动。过程是这样子的：空气从发动机的前端吸进来，经由一层一层、愈转愈快的扇叶桨轮，把空气都推挤在一起，这个过程叫作压缩。然后这些空气被打入燃烧室，跟航空燃油混合。混合的气体被点燃、爆炸，由发动机后端的喷口喷射出去，喷射的时速是每小时 1000 千米。这个往后的冲力会把飞机向前推，但还不只是这样，它所产生的动力还会继续带动发动机最前端的扇叶，把空气以更高的速度吸进来。把空气以高速从前方吸进来所产生的动力，在整个发动机产生的全部推力中也占了重要比例。

在启动的飞机附近工作的人员，无论如何都必须戴上防护耳罩，因为这种噪声大到让耳朵刺痛，甚至会导致听觉受到永久的损害。

# 操纵杆
# 和踏板

　　操纵一辆自行车很简单，不是往左前进，就是往右前进，操纵一架飞机可就复杂多了。一架飞机共有3个方向轴需要飞行员来控制：向左或向右转弯由方向舵负责，升降舵则控制飞机的爬升或下降，而用来主导飞机左右倾斜的则是机翼后缘的两个副翼。飞行员如果只靠双手来控制所有的机件，恐怕是应付不来的——所以必须手脚并用。驾驶座下有两个踏板，是用来控制方向舵的，而飞行员手中的操纵杆则控制升降舵及副翼。

方向舵踏板：飞行员是通过脚踩踏板来控制飞机的左右方向的。

## 飞机操纵

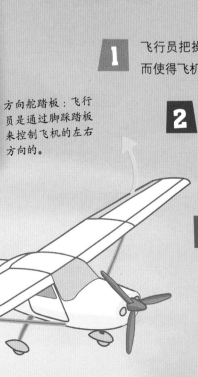

　　飞机的操纵是通过升降舵（红色）、方向舵（绿色）及副翼（黄色），分别来控制横轴（俯仰轴）、垂直轴（偏航轴）及纵轴（滚转轴）。

## 如何操纵一架飞机？

　　从图中的一架模型飞机，我们可以知道升降舵、方向舵及副翼的位置。那么飞行员要如何操纵一架飞机，才能让它如图中的几个步骤一样飞行呢？

**1** 飞行员把操纵杆拉向自己。这会控制升降舵往上翘，进而使得飞机向上爬升。

**2** 踏下左边的踏板，使得后面的方向舵往左边摆。同时，还要把操纵杆拉向左边，让左边的副翼往上翘，右边的副翼往下垂，进而使得飞机向左倾斜，开始曲线飞行。

**3** 飞行员让所有的控制舵回到中间位置。这个时候，飞机会循着这个曲线继续飞行。要结束这个曲线飞行的话，飞行员必须做一次反向操作。

**2**

**1**

飞机是不能往后飞的，在陆地上也不能向后滑行。等到乘客都上了飞机之后，要用牵引车把飞机移动到跑道的位置。

### ➡ 你知道吗？

飞机在机场地面上滑行的时候，方向是由机鼻下面的轮子来导引的——就像汽车那样。在机舱里，有个具有方向盘作用的控制手柄，可以操控鼻轮的前进方向。

**4** 反向操作如下：让方向舵往右边摆，同时也把操纵杆推向右边。这时，左边的副翼会往下垂，右边的则往上翘。持续这个状态，直到飞机又回到水平的姿态，继续往前直线飞行。

**5** 飞行员把操纵杆往前推，升降舵会往下垂，使得飞机俯首向下飞行。

### 什么是自动飞行？

载客飞机的驾驶舱内有两个人可以操纵飞机：机师与副机师，但他们并不是全程都在操纵飞机。升空后不久，他们大多会让飞机切换到自动飞行模式。即运用一台计算机来保持预先所设定的高度及航行路线，也就是利用所谓的自动飞行系统。这时，驾驶舱内的正副机师可以专注于飞行路况、实时气象报告，以及无线电通信。要是飞机飞得太低，自动飞行系统会发出警报。飞行员随时都可以接手，自己来操纵飞机。

## 有趣的事情

### 弯曲的机翼！

几乎所有新型飞机的机翼尖端都会往上翘，这称为"翼尖"或"翼梢小翼"。这种设计是工程师从鸟类翅膀的尖端那里偷学来的，有了它，飞机可以节省大约 4% 的油料。

# 透视 客机

搭乘飞机旅游的时候，大概只能看到乘客的座舱。但是除了座椅、安全带和窗子之外，客机还有更多值得一瞧的东西。就让我们来透视一下客机的各个部位吧！

## 乘客的座位有多大？

在长途的客机上，乘客的座位主要分为经济舱和商务舱，有时还有特别豪华的头等舱。以德国汉莎航空的 A340 空中客车来说，经济舱座位之间的间隔是 78 厘米，商务舱座位之间的间隔有它的两倍大，头等舱则有将近三倍大。在头等舱里，座椅大多可以摊平变成躺卧床。

### 起落架

主起落架承担整架飞机大部分的重量。起飞之后，它会被收进机腹里。

### 用餐愉快！

在飞机上的厨房里并不能真的大显身手展现厨艺。飞机上的餐点都是起飞前在陆地上就准备好，用货柜送进机舱，在飞机上只要加热就可以吃了。为了避免食物在飞行途中掉出来，会用钩子和扣环把它们固定住。此外，厨房里还有冰箱及咖啡机。

### 千里眼

机头尖端的部分称为机鼻。机鼻里藏了一个气象雷达，可以探测飞机前进方向 300 千米内的云层分布情形，并把这些气象数据显示在驾驶舱的屏幕上。

### 错综复杂的电线

一架空中客车 A380 里的所有电线加起来共有 500 千米长。这些电线负责传送各类信号及电力给各种相关设备，例如传感器、控制器、机舱电灯、屏幕等。在飞机上所看的影片，也是经过这些电线传送过去的。

## 厕　所

　　飞机上的厕所比家用厕所省水得多。飞机厕所的工作原理其实像个吸尘器：所有掉下去的东西都会被吸入储存箱，这个储存箱在飞机降落之后就会被送去清空。所以，排泄物绝不会喷放到飞机外面，更不会从空中掉落下来！

## 载货舱

　　载货舱里的地板布满了轨道，装着货物及行李的货柜可以用轮子在轨道上滑行装卸，既方便又快捷。这些轨道具有独立的动力，而且可以用控制杆遥控。

## 动物运输箱

　　要带动物上飞机的话，只能把它装在动物运输箱里交给机场的柜台。运输箱里并不宽敞，如果动物太大的话，它们只能挺身坐着，无法躺下来。

## 待在货舱里会不会冻死？

　　飞机飞行的航线通常很高，当飞机在高空的时候，外面比最冷的冬天还要冷，往往是零下50℃的低温！虽然如此，动物还是可以安置在货舱里，因为大部分的飞机起码都有一个货舱是有空调设备的，那里就跟客舱一样温暖，而且通风。在其他的货舱里，气温则会降到接近0℃。

## 油　箱

　　机翼里隐藏了许多油箱，在机场会先加满油料。一架A340空中客车总共可以携带超过15万升的油料。

## 一个轮胎可以用多久？

　　飞机的轮胎必须承受比汽车轮胎更大的负载。在起飞及着陆的时候，飞机的轮胎都会严重磨损，所以经历过200到300次起降之后，就必须更换。但是这些轮胎并不会被拿去丢掉，而是可以反复翻新5到6次。也就是说，换下来的轮胎可以补上一层新的橡胶，使得胎皮的摩擦面足够厚实。

更换飞机的轮胎是件相当费力的事情，单是一个轮毂就重达150千克。

# 天空中常见的飞机

载客的飞机有大有小，有些只有几个座位，有些则有好几百个。飞机还有航程远近的分别，远程飞机可以航行几千千米。此外，还有五花八门的飞机样式。这里所收集的飞机，都是特别受欢迎的机型。

### 小型飞机：塞斯纳 172

"塞斯纳 172" 又称为"天鹰"，是小型飞机的经典之作。这款飞机自 1956 年开始生产，许多飞行学校、协会或私人都拥有这种轻型飞机。天鹰有 4 个座位，机身重量因出厂年份而异，大约只有 800 千克，比一辆汽车还要轻！

### 商务客机：里尔 40

有些商人的财力足以拥有自己的飞机，或是包下整架客机。"里尔 40" 是一种典型的商务客机，可以容纳 6 到 7 名乘客。这架飞机虽然不大，但是很快，飞行时速高达每小时 865 千米，而且航程超过 3000 千米，成为私人飞机的理想机型。

### ➡ 你知道吗？

飞机大概每 5 年就要彻底翻修一次，更换磨损的机件之后，再组装起来。整修之后，整架飞机就跟新的一样。在比较大的航空公司里，飞机机龄达 15 或 20 年的就会被淘汰。它们的命运并不是被销毁，而是被卖到其他规模较小、买不起新飞机的航空公司，继续服役。

### 短程飞机：ATR 72

"ATR 72" 是一款典型的短程客机。航程可达约 1650 千米。航空公司常常利用这种飞机，来把旅客由小机场运送到比较大的机场。

## 中程飞机：波音 737

"波音 737"是最为畅销的喷气式客机之一。这款飞机从 1967 年就开始生产，到目前为止已经有许多不同的规格，机舱可容纳 100 到 190 个乘客，是典型的中程喷气式客机，航程大约 6000 千米，像这样的航程已经足以担负欧洲或美国境内的运输工作。另一种类似的中程客机是"空中客车 A320"。

飞机也有坟场，其中最大最有名的一个，位于美国亚利桑那州的莫哈维沙漠。这里总共有 400 个停机位。有一部分的飞行器就像二手车般停在那里，待价而沽，其他的则会被彻底肢解，直到只剩下一个骨架。许多机件，像是发动机、起落架、电子零件、排椅，甚至于打造机身的铝片，都可以分别出售。

## 远程飞机：空中客车 A380

例如从德国飞到美国或是日本这样很远的航程，航空公司每天顶多只飞一个航班。这么远的航程费时 14 个小时，只有尽量多乘载乘客才划算，因此远程客机都特别大，最大的有超过 500 个座位。"空中客车 A380"可以连续飞行长达 15200 千米，无须中途着陆。其他知名的远程机种还有"空中客车 A340"及"波音 747"（又称为巨无霸喷气式客机）。

莫哈维沙漠坟场里的飞机残骸，这是许多电影拍摄团队最喜爱的场景。

# 迈向机长的
# 漫漫长路

一般情况下，飞行学员在接触喷气式客机之前，必须先学会驾驶单螺旋桨的小型飞机。

想象一下，如果你能穿着帅气的制服，踏进机舱，驾驶着飞机穿梭于蓝天白云之间，飞向远方的大陆，而且每天都看得见晴朗的天空，这不是很棒吗？飞行员是许多人梦寐以求的职业，但有很多课程需要学习。从课表上面，可以看到像是航空法、飞行计划、空气动力学、航空气象学以及无线电导航等课程，这些基础教育训练为期大约两年。其中最有趣的项目当然就是飞行课了。上飞行课程的学员一开始是用单螺旋桨的小型飞机学习，接下来则是操作双螺旋桨的飞机。有些航空公司会把飞行学员送到美国亚利桑那州的沙漠，这个地方一年365天都阳光普照——完美地提供了飞行需要的视野。经过4个月后，学员才又返回家乡。

## 梦想成真

受过基本训练后，飞行员还不能就这样踏进大客机的驾驶舱，把飞机开上天空。无论要驾驶哪一种型号的客机，都必须先接受特定机种的特别训练，才能驾驶这种飞机。这个过程需要大约5个月的时间，在这段时间内，他们会花很多时间在飞行模拟机里练习。飞行任务

## ➡ 你知道吗？

准飞行员在学习驾驶大型客机前，必须先在飞行模拟机里受训，模拟机的内部设置得跟真正的驾驶舱几乎一样。利用飞行模拟机，可以反复练习所有危险状况的危机处理，而不会发生真正的灾难。模拟驾驶舱里，所有的仪表都跟真正的飞机一样。前方的挡风玻璃是个巨大、弯曲的屏幕，上面放映着所模拟环境的逼真场景——天空、地面景观及各个机场都逼真地呈现在眼前。

Lufthansa Flight Training Berlin

飞行模拟机是安装在金属支架上的舱体，由计算机控制，模拟飞行时的各种姿态，让受训的飞行员感觉就像是在操纵一架真正的飞机。

这看起来像是个真正的驾驶舱，但其实只是个飞行模拟器。在模拟训练中，他们正准备降落。

## 你相信吗？

飞行员必须适应自己所要驾驶的飞机机型，因为每个机种都有独特的飞行特性，而且驾驶座也不尽相同。因此每个机种都有量身定做的飞行模拟机，用来训练飞行员。

当中最困难的步骤就是着陆（降落），因此会有特别的着陆训练——先是使用飞行模拟机练习着陆，然后再用真正的飞机。以真正的飞机练习着陆的时候，学员只是起飞、在空中绕个小圈，就马上练习着陆，一次又一次反复练习相同的动作。飞行员必须让飞机以精确的角度对准跑道飞下去，还要控制速度。如果飞机的速度太快，可能会冲过跑道的底线；要是太慢，勉强着陆可能会发生意外。飞行训练时，驾驶座旁当然会坐着一位飞行教练。在训练期间，飞行学员至少要有 6 次真正的成功着陆经验。

### 终于成为机师！

完成了基础训练及个别机型训练后，飞行学员就可以成为副机师，跟着机长一起飞行。但是在这个位置上，副机师必须经历好几千个小时的飞行时数，才会真的结业，有了成为机长的资格。但是还必须等待，直到某家航空公司有了机长的职缺——这可能又要等上好几年！

飞行员得先通过经年累月的飞行训练，才能穿上这身帅气的制服！

# 客机的驾驶舱

驾驶舱是飞行员工作的地方。在驾驶舱里，大部分的飞行任务都由两位飞行员来执行：左边坐的是机长，右边是副机师，两个人轮流操纵这架飞机。为了让他们不必调换位置，驾驶舱里的设备几乎都有两套一模一样的，也就是每个座位都设有同样的仪表与操纵杆。要是航行的距离大于 7500 千米，还会有另一位副机师加入驾驶的阵容。有了第三位飞行员，就可以让其中一位得到充分的休息。

## 驾驶舱的饮食

在长距离飞行中，飞行员是在他们的工作位置上用餐的。大部分机种的驾驶座旁都会有个可以折叠的桌子，用餐的时候，由距离驾驶舱最近的随机工作人员为他们服务，所以通常都是头等舱的空乘员。

## 有趣的事情

### 晚安！

飞机上真的有给飞行员睡觉的床！在远程的飞行任务中，飞行员与空服人员按规定必须得到充分的休息，所以飞机上设有隔离的区域可以让他们躺下来睡觉。休息区可能位于驾驶舱后面，或是设置于客舱的上面或下面，随机型而有不同。

### 雷达

气象雷达可以显示前方大约 300 千米以内的气象状况，甚至于看得见前方的云层是浓密的还是只有薄薄一片。飞行员因此可以判断是否即将遭遇暴风雨，并决定要不要绕道而飞。

## 1. 头顶控制台

位于头顶的控制面板有机内照明灯光的控制开关、安全带、烟雾警示灯开关、雨刷开关、油量显示器、发动机灭火开关，以及接近地面警报系统。

## 2. 自动飞行系统

在自动飞行控制面板区，安置了导航仪器，以及自动导航设备。

## 3. 飞行路径与飞行管理系统

一台储存了飞行计划的计算机，往往与自动飞行系统相连。

## 4. 两侧的操纵杆

飞行员用来控制升降舵（爬升或下降），以及副翼（左右倾斜）的操纵杆。

## 5. 主飞行显示器

这里有最重要的飞行仪表，包括高度表、空速表及姿态仪——显示飞机正在爬升、下降，还是水平飞行。至于油路控制开关、导航装备，以及气象显示面板，则安置在靠近中央的地方，接近起落架控制钮以及自动刹车显示屏。

## 6. 方向舵踏板

靠着这两个脚踏板，飞行员可以控制方向舵的左右摆动，进而操纵飞机往左或右转弯。

## 7. 节流阀

是飞行员控制飞机引擎推力的操纵杆，也可以说是飞机的油门。

## 8. 起落架控制钮

这个按钮可以让飞行员在起飞之后收回起落架，降落之前放下起落架。

## 9. 中央控制台

上面有飞机发动机的节流阀（油门）、起落架机轮的手刹车、无线电通信设备，以及气象雷达控制面板等。其中，以飞行管理计算机最为重要，可以说是控制飞行任务的心脏，里面储存了飞行路线、高度及发动机动力的各项设定。

# 乘客的5个问与答!

## 1 我的耳朵怎么了?

飞机飞得越高,空气越稀薄。在1万米的高空,空气会稀薄到令人无法呼吸,因此飞机必须打造成密闭的舱体,让内部的气压保持舒适。飞机爬升的时候,气压会慢慢降下来,但顶多下降到2400米高的气压,这时候,耳朵内的压力会比外面大。到了降落时,机舱内的压力会再度升高,这时耳朵里会感觉听到一声轻响,然后耳压就又恢复正常。

**救生衣**

机舱里每一个座位下,都备有一套可以充气的救生衣。

紧急疏散充气滑梯

紧急疏散出口

## ② 为什么要系安全带？

大家都知道，天空中的航道不像地面上的街道，没有坑坑洼洼的地面。不过，天空中的确有一种"坑洞"，指的是强烈的上升或下沉气流，通称为乱流。飞机要是突然飞进乱流，就好像跌入坑洞，有时会突然下坠到 300 米的低空，或是突然上升到很高的高度，在机舱里的乘客可以感觉到忽上忽下、左右摇晃及机身颤动等现象。大部分的上升或下沉气流，飞行员都可以预先由前方的云层分布状况辨认出来，因此可以绕过它。非常强烈的"空气坑洞"会把乘客和机舱内的东西到处乱甩，甚至飞起来撞到天花板。这种情况会对乘客造成很严重的伤害，所以搭乘飞机的时候，一定要系好安全带。

## ③ 有什么方法可以消除飞行时的心理恐惧？

有一种心理上的问题，叫作飞行恐惧，相互讨论恐惧的感觉，对于消除飞行恐惧感会有帮助。在飞机上，要是听到什么让人不安的谣言，可以找空服员询问这些问题。对于具有严重飞行恐惧症的乘客，航空公司都会提供有关的讨论课程，他们会说明客机的飞行原理，同时解决其他种种疑问。对于飞机认识得越清楚，就越不会害怕。统计数据显示，飞机其实是一种很安全的交通工具。

## ④ 为什么有时在飞机上会觉得不舒服？

主要是当飞机摇晃的时候，飞行会扰乱我们的感官。耳朵里的平衡器官会送出信号给大脑，告诉它飞机正在摇晃或下降。但是，我们的眼睛却看不到相对应的场景，因为置身于机舱当中，眼前所见的一切都是安稳不变的。这两者对于大脑而言，是相互矛盾的信息，也就是说，平衡器官所感知的摇晃和眼睛所看见的静态场景不相符，这会扰乱大脑的认知，而导致身体的不适及恶心。

## ⑤ 为什么窗子不是方的？

你也许曾注意到，在飞机上见不到四角形的窗子。第一批制造的喷气式客机——哈维兰彗星型客机，起先采用的就是四角形的窗子。这种飞机曾坠毁了几架，后来证实在飞行当中，机身的裂缝是由窗子开始形成的，原因就在于窗子的形状。比起方形的窗子，圆形的窗子更能够均匀分散边框所承受的压力。

## 你相信吗？

当发生紧急降落或是破坏性着陆的意外事件时，紧急出口处会有滑梯马上自动充气，形成紧急逃生滑梯。这时，机上的所有人员都必须尽快离开这架飞机。在一架新飞机取得飞行执照之前，制造厂商必须证明，机上的所有人员可以在 90 秒之内完成紧急疏散。

## 飞行记录器

飞行记录器通称为黑匣子，这个词是来自英语的"black box"，其实它一点也不黑，而且还是色彩鲜艳的橘红色。这个耀眼的盒子一直都藏在飞机里，要是飞机失事了，就必须找到它，并解读里面所记载的数据，用来判断失事的原因。在飞行当中，黑匣子会持续不断地记录飞机高度、速度、发动机动力，以及每一个舵的运动情形。另外，驾驶舱内的对话也会被记录进去。

20 世纪 50 年代初期所生产的 9 架彗星型客机之中，总共有 5 架因为四角形的窗户结构而坠毁。

## 疏散测验

空中客车 A380 做了一项测验：873 名测试乘客及所有的机组人员，只有 90 秒的时间可以离开飞机。预备……起！结果他们以 80 秒的成绩通过这项测验。

塔台里的航空管制员负责指挥机场空域与地面的交通。

# 机场如何运作？

一座大型的机场就像个小城市一样，有好几千个人在这里工作：有航空公司的地面工作人员、安保人员、海关人员、餐厅及商店的售货员等。此外，机库里有技术人员忙着维修飞机，停机坪有客车及拖车司机来来往往。有些机场甚至大到让人不知何去何从。就让我们来看看机场里最重要的几个地点。

在进入机场的通道中，会有安检站。在这里，安检人员会一一检查旅客的随身行李。行李袋里面所装的东西，会以各种色彩显示在屏幕上：金属类的物品呈蓝色，有机类的物品呈现橘色。

在航站楼里，旅客可以在大型显示板上，查看所要搭乘的班机停靠在哪个登机口。要是这架飞机已经准备好让旅客登机，上面会清楚显示出来。

X 射线透视：在安检人员的屏幕上，手提行李箱看起来就像这个样子。

航站楼是在起飞前或抵达后，旅客做各种准备的地方。

跑道是飞机起飞或降落的区域。

登机口又称闸门，是旅客进出飞机的重要通道。

## 行李的运输过程

登机报到的时候，我们会把行李箱交给柜台。这时行李会挂上一张卷标，上面印着你的名字和登机信息，可以防止行李拿错。

行李箱在输送带上，就像一列列车开往空无一人的大厅。它们在那里接受安全检查。

接着，行李箱会被搬运到行李托运车上载到飞机所在地，送入飞机的行李舱。

机场里不像外面的道路那样，没有到处耸立的交通标志牌。为了不妨碍交通，停机坪的所有标示都画在地面上。

# 起飞之前

起飞之前的准备工作非常繁杂。飞机在离开地面以前，必须加油、载满货物，还要清洗。飞机上的食物必须要在地面上就准备好，再送进飞机。要是没有经常性的维修，飞机根本就不能起飞。

## 都干净了吗?

每次飞行前，客舱及厕所都必须先清洁干净，这些工作不是由飞机上的工作人员完成的，而是由地面负责打扫的工作人员分工合作。清洁工作必须在很短的时间之内完成，通常在7分钟以内，一架飞机就得打扫干净，有时候甚至只有5分钟的时间。在大型的机场里，一个清洁大队约有18个人!

## 请加油，谢谢!

重量上吨的飞机想要在空中飞，需要很大的动力。这个动力来源，就是存放在油箱里准

碰到下雪与结冰的天气时，飞机起飞以前必须先除冰，以减轻多余的重量。此外，冰也会阻碍流过机翼的气流，或是将机翼上的舵卡住。除冰时，是把热水及防冻剂喷洒在机翼、尾翼以及机身上。

## 你相信吗？

清洗飞机的外部，是件非常辛苦的工作。清洗飞机的工作人员并没有专用的设备，他们必须用水管、拖把、升降梯，帮飞机涂抹上清洁剂。还好飞机外部并不像机舱那样需要频繁的清洁，短程的飞机大约每3个月洗一次，远程的飞机则是4到5个月才洗一次。

清洁队伍出动：为了让飞机看起来闪闪发亮，工作人员可不能有恐高症。图中的这位工作人员正在清洁飞机尾翼——距离地面有20米高！

备燃烧的燃油，所以飞机起飞前就一定要加满油。

因此飞机场里也有加油站。就是将一辆加油车开到飞机旁边，再把好几千升的燃油用油泵打进飞机的油箱。对于一架像空中客车A380这种巨型的飞机来说，可以装进31万升的航空燃油，大约要10辆大型的加油车才加得满。而现代化的机场会直接把油库设置在地面下。加油时最重要的就是飞机要连接一条接地线，这是为了防止多余的静电荷产生火花，导致燃油起火，发生火灾。

飞机餐都是提前做好，在飞机上进行加热就可以吃了。

这辆加油车上并没有储油槽，只有一台油泵，用来把地下油库里的航空燃油输进飞机。

餐点来了！飞机上的食物就是用这样的集装箱来运送的，它总是从飞机的右侧送进去。

# 空中的 交通指挥

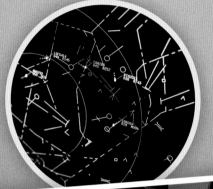

飞机加满了油、载满了货物，旅客在座位上都系好了安全带，应该可以起飞了。但是，飞行员可不能就这样出发，他们必须先用无线电跟塔台联络，询问是否准许起飞。坐在塔台里面的是塔台管制员，他们面前有个很大的玻璃窗，可以监看整个机场，跑道上飞机的起飞和降落一览无遗。飞机起飞的顺序由他们决定，地面上的交通也由他们来指挥。要是没有经过他们的允许，飞行员连飞机的引擎都不可以启动。

飞机只有在机场的时候，是由塔台的空中交通管制员指挥。

### 雷达管制员

飞机一旦起飞，离开了机场，飞行管制的任务就由雷达管制员接手。跟塔台的管制员相比，不同的是，雷达管制员是坐在没有窗子的房间里工作，这样太阳光才不会妨碍他们监看雷达屏幕；他们的工作就是全神贯注地监视着雷达屏幕。雷达管制员的任务是告诉飞行员，应该飞多高、飞多快，以及循着什么路线飞行。他们负责空中特定的区域，在这块区域里所有飞行物体的动向，都要了如指掌。雷达管制员

在雷达屏幕上，每架飞机看起来都是一个光点，旁边还有一些字母和数字显示它的航班编号、高度以及速度。

塔台管制员面前有个大玻璃窗,所有的飞机都一览无遗。这个工作是闲不下来的,比如在德国的法兰克福机场,每90秒就有一架飞机要起飞或降落。

会指挥飞行员,不要跟其他飞机飞得太接近。飞行高度是一项特别重要的因素,因为飞行路线常常会有交叉的情形,所以雷达管制员有责任指挥飞机,免得它们撞在一起。

这个动作告诉飞行员,飞机要往左转。

地面的勤务人员张开两只手臂,缓慢地上下摆动。这个指挥动作是在告诉飞行员,要慢慢地滑行。

要是地面勤务人员的双臂肘部弯曲,从胸部高度向头部方向上下摆动的话,就表示要直线往前滑行。

这个动作告诉飞行员要向右转。勤务人员手摇得越快,就表示转弯要越快完成。

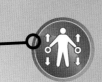

这个操作表示挡住机轮的轮挡已经拿开,飞机可以在陆地上自由地操纵滑行。

## ➡ 你知道吗?

飞行员在空中飞的时候,并不是想怎么飞就怎么飞。他们必须沿着固定的空中道路飞行,这些空中道路大部分都有20千米宽。海上的船只有灯塔可以指引方向,陆地上的道路都有画线和标示牌,其实空中的道路也有标示,只不过这些标示是肉眼看不见的。因为空中道路的标示是用无线电波做出来的,这些无线电波是由地面发射到天空中的,也称为"无线电信标"。飞机在起飞之前,就要在飞机的计算机里输入这个信标。起飞之后,它就遵循着这个信号,在空中道路上飞行。

降落了,飞机要停在哪里呢?这就要看停机引导员的了。他会双手并用,举着指挥棒,引导飞行员让飞机滑行到适当的地方停靠。

# 海上的 飞机场

航空母舰的起飞跑道要是没有弹射装置，就会让跑道的尽头稍微向上弯曲——有点像是冬季运动项目跳台滑雪的跑道。

有一种会游泳的海上飞机场吗？有，那就是航空母舰。航空母舰是装载着战斗机群的战舰，有时上面还会停着直升机或侦察机。在非常庞大的航空母舰上面，起飞及降落用的飞机跑道会互相错开，这样准备降落的飞机在紧急状况下可以立刻重新飞起来，不会碰撞到那些还没有起飞的飞机。

### 海洋中的钢铁岛屿

在航空母舰"林肯"号上面，起飞和降落的跑道是分开的，因此上面的飞机可以同时起飞及降落。

具有减速缆绳的降落跑道

具有弹射装置的起飞跑道

## 上面载了好几千人

属于美国海军的"林肯号"是一艘大型的航空母舰。在这艘航舰上，仅是工作人员就有3200名，另外还有2480人是与飞行有关的机组人员。这艘美国海军的超级战舰，可以装载多达85架战机。这些战机不会同时出现在长达333米的甲板上，在甲板下面还有一个可以容纳多达60架飞机的机库，它们是用升降梯运送进去的。

## 急剧加速

航空母舰是速度很快的船舰，它们必须全速航行，为飞机助跑，这样舰上的飞机在起飞的时候，才能得到更多的气流与升力。航空母舰航行的速度，快到停在甲板上的滑翔机都要飘起来了，不过战斗机起飞的时候则需要更高的速度。战斗机除了靠自己的发动机推力之外，还要依赖跑道上的弹射装置，像弹弓那样把它们弹射出去。弹射装置可以从跑道上的凹槽分辨出来，这种起飞的方式也称为弹射起飞。

## 猛然刹住

对于航空母舰上的飞行员来说，起飞和着陆可以说是最为困难的飞行动作了，只有受过特别训练的飞行员才办得到，尤其是舰上着陆。航空母舰后面的飞行甲板上绑着多达4条的缆绳，飞行员要着陆的时候，必须非常准确地以

飞机尾巴的钩子去钩住缆绳，这样飞机才刹得住——两秒钟之后，整架飞机稳稳地停住。这种用来把飞机拉住的缆绳，不可以只是硬生生地一把将飞机拉住，这样一定会被飞机的冲力扯断。因此这些缆绳是绑在液压系统上，以具有弹性的伸缩拉力，让飞机停下来。

飞机尾部的"钩子"伸出来，准备钩住减速缆绳。

舰上着陆：机尾的"钩子"必须钩住横跨降落跑道的缆绳。

## ➡ 最高纪录 85架飞机

这是世界上最大的航空母舰所能容纳的飞机数量。

钩到了！飞机可以在100米之内，从240千米的时速，减速到0！

甲板上的工作人员正在为下一次的起飞预备弹射系统。

为了节省空间，这架飞机的机翼可以折叠起来。这样一来，跑道下面的机库就可以停放更多的飞机。

## 知识加油站

▶ 全世界第一个从船上起飞的飞行员，是美国人尤金·伊莱，这项创举完成于1910年11月14日。

▶ 当时世界上还没有所谓的航空母舰，伊莱是从舰上临时搭起来的木头平台上起飞的，不过他驾驶的是一架较轻的双翼飞机。

➡️ **最高纪录**

# 3530 千米/时

这是"黑鸟"创下的飞行速度纪录。这架"黑鸟"一直服役到1998年才告别军队。它不仅可以飞得很快,还能飞得很高,创下将近26000米的飞行高度纪录。

# 纪录缔造者

在人类飞行欲望的驱使下,不只是空中交通发展迅速,民间的航空研究也蓬勃发展,同时也创造了一些不寻常的飞行纪录,以及稀奇古怪的飞行工具,但是其中有许多飞行器没有通过命运和历史的考验。

## 世界上飞得最快但是会漏油的飞机

1976 年 7 月 28 日,洛克希德公司所生产的战略侦察机 SR-71(又叫作黑鸟),缔造了当时飞行速度最快的纪录:时速每小时3530 千米。这架军用飞机曾是世界上速度最快的飞机,早在 1974 年,它就可以用不到两

小时,从纽约飞到伦敦。它的飞行高度超过一般客机的两倍。但是很奇怪的是,这架"黑鸟"停在地面时是会漏油的,可以真的看到油一滴一滴地从它身上滴下来,简直让人不敢相信!要等到它开始高速飞行时,机身上的空隙才会闭合起来。也就是说,当它升空以 3 倍声速飞行的时候,机身会与空气摩擦而生热,并且膨胀,使得机身也变得密闭。

### 你相信吗?

世上第一次以热气球环游世界、中途完全不着陆的是伯特兰·皮卡德和布莱恩·琼斯,他们这趟环游世界的旅行总共花了 20 天。在 1999 年 3 月 1 日,他们乘坐巨大的热气球飞行器起飞,那是个特制的丙烷气球,充气后有 55 米高!

休斯设计的 H-4 飞机只飞行过一次，如今还保存在美国俄勒冈州的麦克明维尔博物馆里。

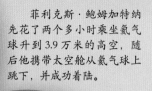

菲利克斯·鲍姆加特纳先花了两个多小时乘坐氦气球升到 3.9 万米的高空，随后他携带太空舱从氦气球上跳下，并成功着陆。

## 由平流层往下跳

奥地利人菲利克斯·鲍姆伽特纳坐在特制的压力舱里，让充满氦气的气球，把他带到不可思议的高度。2012 年，他飞到地球的平流层，那是离地面超过 39000 米的高空，然后从那里跳下来。他这一跳，同时打破了好几项纪录：这是高度最高的跳伞行动，他也成为人类有史以来距离最长的自由落体者。鲍姆伽特纳创造了时速 1342 千米的纪录，成功突破了声障——这又是另一项纪录！

## 巨大的木制飞机

商业大亨及电影制作人霍华德·休斯在第二次世界大战期间，为美国海军设计了一架巨大的空中飞船。这架具有 8 个螺旋桨发动机的飞机，得到一个绰号叫作"云杉鹅"。休斯对此绰号非常不满，因为它的材料并不是云杉，而是用白桦木做的。这款 H-4 飞机只生产了一架，而且只于 1947 年 11 月 2 日飞行过一次，

飞了 1600 米远、20 米高。这架 H-4 空中飞船的翼展长达 97 米，直到今天还保持着最大翼展及最大机翼面积的世界纪录。

## 载客量最大的飞机

世界上载客量最大的飞机是空中客车 A380，它有上下两层的客舱，总共可以容纳 525 名旅客，要是不设置头等舱和商务舱，可以搭载多达 853 名乘客。由于飞机超大，许多机场还必须特别为 A380 改建，因为它需要较长的起飞跑道，以及较宽的滑行道。由于一次载运的旅客人数非常多，就连航站楼里的候机楼空间也必须特别安排。

## 勇敢地往下跳

乘着热气球往上飞行两个半小时，然后跳下来：菲利克斯·鲍姆伽特纳由 39000 米的高空，背着降落伞跳下来。他身上所穿戴的是压力服以及太空头盔。

"安-225"是全世界建造过的最大型运输机，没有其他的飞机可以比它载运更多的货物。

大家都想上飞机吗？没问题！空中客车 A380 最多可以搭载 853 名乘客一同飞行。

# 比空气还轻:
# 飞艇

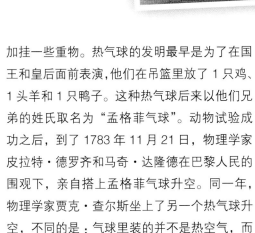

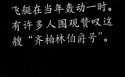

飞机是比空气重的物体,它们会飞,是因为有机翼和引擎,不过人类飞行的愿望也可以用另外一种飞行器来实现。在早于莱特兄弟120年的时候就有聪明的发明家设计了可以飘浮在天空中的飞行工具,也就是飞艇,它的下面还挂了一个吊篮作为座舱。像"齐柏林"那样的飞艇,整体而言就是一个比空气还要轻的飞行器。

## 一袋热空气

法国造纸商孟格菲两兄弟,发现了热空气会往上升,而且可以用丝和塔夫绸做的大袋子把它们装起来。热气球的基本原理就是:用大袋子把热空气装起来,袋子越大,装的热空气越多,浮力就越大,它的下面还可以

孟格菲气球是一种热气球,以发明者的姓氏而命名。它的直径为12米。

加挂一些重物。热气球的发明最早是为了在国王和皇后面前表演,他们在吊篮里放了1只鸡、1头羊和1只鸭子。这种热气球后来以他们兄弟的姓氏取名为"孟格菲气球"。动物试验成功之后,到了1783年11月21日,物理学家皮拉特·德罗齐和马奇·达隆德在巴黎人民的围观下,亲自搭上孟格菲气球升空。同一年,物理学家贾克·查尔斯坐上了另一个热气球升空,不同的是:气球里装的并不是热空气,而是氢气。氢气比空气还要轻,会往上飘。

## 齐柏林飞艇环游世界

飞艇里面装的也是比空气轻的气体,相对于一般的热气球,它有着很大的优点——可以操控。像飞机一样,它也有螺旋桨发动机。世界上第一架动力驱动飞艇是法国工程师亨利·吉法尔在1852年建造的。到了20世纪初,德国人斐迪南·冯·齐柏林伯爵在技术上取得了重大的进展,他的姓氏也沿用到今天,成为这类飞艇的代称。由齐柏林所设计发展出来的飞艇,盛行于1920到1930年间,当时甚至有横越大西洋的固定飞艇航班。一艘飘浮在空中的豪华酒店——"兴登堡号",在它的客房内有水龙头和淋浴设备,餐厅可以点菜,还有书报阅览室。"齐柏林伯爵号"往返于德国的法兰克福和巴西的里约热内卢之间,"兴登堡号"则由里约热内卢飞往纽约。由法兰克福到里约热内卢的航程要4天以上。

飞艇在当年轰动一时。有许多人围观赞叹这艘"齐柏林伯爵号"。

这是齐柏林飞艇内部的样子。无数根金属支架支撑着这艘飞行器船体结构的稳定。

这是发生于美国新泽西州莱克赫斯特的一场大灾难，"兴登堡号"准备着陆时，突然起火燃烧。

## 灾难发生了

　　齐柏林飞艇的时代终结于一场戏剧性的大灾难。1937年5月6日，当"兴登堡号"飞到美国新泽西，准备降落于莱克赫斯特的时候，突然起火燃烧。在此之前，这艘飞艇沿着一场暴风雨的边缘飞行，以至于艇身充满了静电。准备降落的时候，飞艇所抛出的着陆锚绳，因为静电而发出火花，这些火花点燃了充满着氢气的"兴登堡号"。在几秒钟内，飞艇烧成一团，并坠落下来。艇上总共有35名旅客及1名地面工作人员死于这场事故，62个人幸免于难。在发生意外之后，这条航线就取消了，因为再也没有旅客信赖飞艇的安全性。如今已经很少看到飞艇，即使有的话也比当年小了很多。

# 没有动力 的飞行

静悄悄地在空中滑翔，或者犹如一只鸟展开双翼，轻盈地迎风飞翔，像这样的飞行方式，其实飞机也办得到。滑翔机不需要发动机就能飞，它们的机身特别轻，机翼很长、很细，独特的设计使得它们在速度很慢的情形下，也可以得到足够的升力。

## 滑翔机升空的方式

滑翔机本身是没有动力的，那要怎么飞上天空呢？通常有两种方法。第一种方法很简单：用一条缆绳，把滑翔机绑在一架螺旋桨飞机的后面，将它拖上天空。在时速达到大约100千米的时候，它们就双双升空。当它们都飞得够高的时候，滑翔机就把缆绳松开，独立继续飞行。还有一种方法稍微复杂一点，滑翔机还是要先绑上缆绳，但这条缆绳不由飞机而是由一个电动绞盘拖着走。缆绳大概有1千米长，绞盘就位于起飞跑道的尽头。这个绞盘以马达带动，拉着滑翔机在跑道上加速滑行。当达到起飞的速度时，滑翔机就可以升空。到达飞行航线的最高点时，滑翔机就把缆绳松开，独自滑翔在空中。

当飞行员找到一股上升气流时，他会利用这股气流盘旋而上，上升到更高的地方。只有抓住了更多的上升机会，才能飞得更久。

### ➤ 你知道吗？

想要驾驶滑翔机，必须要拥有滑翔机飞行执照才可以。在德国要取得执照，可以加入滑翔机协会或是到飞行学校学习。在训练课程里，可以学到起飞、着陆、简单的飞行动作，及热气流飞行。除此之外，还要学习如何使用无线电通信器材。

有点像是放风筝，当绞盘拖动滑翔机的时候，一开始距离水平面大约是30度。当来到50米以上的高度时，滑翔机就越来越陡。

在滑翔机的驾驶舱内，空间不是很宽敞。

在德国，你不能带着你的"风筝"不分地点到处飞，但是有超过350个地点开放给滑翔翼飞行爱好者尽情翱翔。

"翼装"是高空跳伞用的特殊装备，在手臂和身体以及两脚之间，都有帮助飞行的"蹼"。当使用者把双手和双脚张开的时候，飞行的时速可以高达240千米。

## 随着上升气流盘旋而上

高度是滑翔机飞行最重要的因素，它决定了可以在空中飞多久。设计这种飞机的关键，在于如何减慢失去高度的速度，而且在飞行途中还有机会把高度赢回来。为了赢得一点高度，飞行员可以在空中寻找上升气流。哪里会有这种气流呢？例如，它可能出现在农田的上空。因为日照的缘故，往往会形成一股往上蹿升的热气流，可以帮助滑翔机取得高度。这种热气流（或称为上升气流）范围并不大，直径只有几百米或是更小。因此，飞行员碰到热气流时，就要尽可能待在它里面绕圈圈。每绕一圈，滑翔机就升高一点。在德国，这种上升气流主要出现在夏天晴朗的日子里，冬天则很少有适合滑翔机飞行的天气。

## 吊挂在"风筝"上飞翔！

滑翔翼就像个大型的风筝，是一种没有动力、轻巧的飞行工具。飞行员攀在风筝上，迎风助跑，一跃而上。在空中，飞行员用一条带子吊在滑翔翼的支架上，手握着横杆，让身体的重心向左或向右移动，来操纵滑翔翼的飞行路线。滑翔翼以及飞行伞的飞行，都需要飞行执照。在训练课程中，学员们会学到航空法、航空气象学及空气动力学等课程。

## ➡ 最高纪录
### 跨越距离最远的无动力滑翔！

2003年，一位德国牙医克劳斯·欧曼在阿根廷创下了世界纪录：他以一架无动力的滑翔机，在空中持续飞行了3009千米的距离！

## 你相信吗？

在德国，14岁就可以受训取得滑翔机飞行执照，比摩托车执照的年龄限制还要宽松。当然，必须得到家长的同意。一般飞机的飞行执照则是17岁就可以取得。

# 直升机

直升机是一种很特别的飞行机器，它没有固定机翼，也不滑翔，不过却需要很多油料。然而它有两个重要的优点：可以在很小的空间里起飞及降落，还可以停在空中一动也不动。直升机甚至能倒着飞，也能侧着飞。

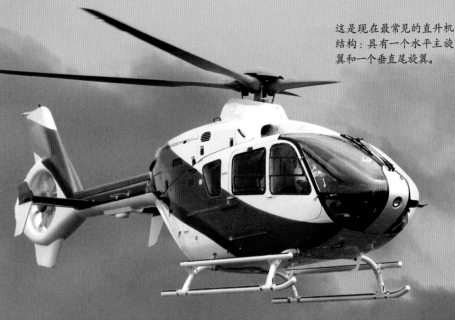

这是现在最常见的直升机结构：具有一个水平主旋翼和一个垂直尾旋翼。

## 这不是个新鲜主意

直升机的飞行原理并不是最近几十年才发现的，早在 1475 年，达·芬奇就已经勾勒出可以垂直起飞的飞行器草图。但是他这个想法始终未能实现，直到 400 多年后的 1907 年，有位名叫保罗·科尔尼的法国人才首次成功地让直升机飞了起来，虽然只飞了 30 厘米高，且只有 20 秒。这架飞行器具有两个旋转式的机翼，不过它是无法操纵的。

## 构想渐渐成熟

第一批生产制造的直升机，在 1940 年开始投入航行。第二次世界大战初期，德国的福克－阿奇里斯飞机公司制造了 Fa-223 龙式直升机，具有两个螺旋桨，分别安装在机身两旁。直升机的螺旋桨称为旋翼，也就是转动的机翼。与此同时，伊戈尔·西斯科基在美国建造了一种直升机，外形就像我们如今看到的一样，也就是说，中间有个主要的旋翼，尾部有个比较小的垂直"尾旋翼"。我们称这种构造的直升机为尾旋翼直升机。

## 直升机的任务

直升机噪声很大，旋翼也很贵，不太适合作为大众交通工具，但是非常好用。直升机可以飞到其他交通工具无法到达的地方，执行救灾任务，例如在深山里搜救伤员，因为它可以停在半空中，甚至于不必降落。利用直升机，医生可以很快地抵达交通事故现场，进行急救。警用直升机可以从空中监看大型活动的各种状况。直升机还能用来运输工作人员到离岸的钻油平台或风力发电场区去工作。

## 直升机的运作原理

直升机最重要的部位，就是安装在驾驶座上方的主旋翼，它就像个很大的风扇，把空气往下吹。大部分工作都是这个主旋翼在做的，因为它提供了整架机器向上的升力。那向前

这是伊戈尔·西斯科基建造的 VS-300 型直升机。他所创立的西斯科基飞机公司，直到现在还是世界上最大的直升机制造商之一。

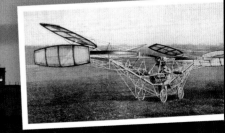

这架科尔尼的飞行机器是世界上第一架直升机，它曾经被称为"飞行自行车"。

在巴西圣保罗这个百万人口大都市里，摩天大楼密密麻麻，到处耸立。狭窄的街道上，交通堵塞不堪，有经济能力的人就以直升机来代步。

呢？向前的推力也是它所提供的。飞行员可以控制主旋翼往每个方向倾斜，要是飞行员让它往前方倾斜，旋翼所产生的力量就不会全部都往上推，还有一部分会成为往前飞行的推力。至于尾部的小旋翼，则是用来抵消主旋翼的扭力，让机身保持稳定的，避免因为主旋翼的扭力而跟着转了起来。

## 如何驾驶直升机？

直升机比一般的飞机更难操纵，飞行员总是要双手双脚并用。位于左手边的集中操纵杆，用来控制主旋翼上所有旋翼的倾斜角度，安装在转轴上的每片主旋翼都是可以活动的，用来改变倾斜的角度。所有旋翼倾斜的角度都呈水平状态的时候，飞行员可以让直升机在垂直方向上升或下降。在驾驶座右边的叫作"周期变距操纵杆"，用来控制旋翼转到特定方位时的倾斜角度。要是想要往前飞，就让旋翼旋转到后方时，向前加大倾斜角度，这样直升机后面的升力比前面大，机身就会往前倾斜。相反的，要是旋翼往后倾斜，那么直升机就会慢下来，甚至还会倒着飞。依此类推，自然也可以往左边或往右边侧着飞。因为每片旋翼轮流改变倾斜的角度，所以叫作周期变距。脚下还有两个踏板，用来控制尾旋翼，调整直升机的方向。

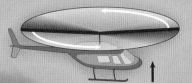

主旋翼平行于地面时，直升机会往上飞。

直升机的驾驶座是在右边，一般飞机的主驾驶座则在左边。

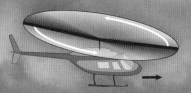

主旋翼向前倾斜时，直升机会往前飞。

## 空中出租车

许多大城市里的摩天大楼上，都设有可供直升机起飞降落的停机坪。巴西圣保罗市里有好几百架直升机，其中有许多登记为"出租车"。在这个城市及其周边，总共有两千万居民，由于地面道路常常堵车，富有的商人就会用直升机作为交通工具。但是就算在空中也会"堵车"，当有许多直升机都要飞到同一个地方的时候，它们就会等不到足够的"停机位"。

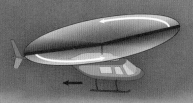

主旋翼向后倾斜时，直升机会减速或往后飞。

# 特殊用途飞机

飞机通常是用来把人从一个地方载到另一个地方，但也有一些飞机是为了特殊用途而设计制造的。

## 运输机

许多我们常见的客机机种，都还有另外一种不设座位也没有窗子的相同款式，这种飞机是用来空运货物的。有些大型的包裹快递公司还拥有庞大的运输机队。

## 消防飞机

当森林里发生火灾的时候，消防车往往很难开得进去，这时消防飞机就派上用场了。它们可以一面飞行，一面把水洒到火场！这种飞机甚至还能一边飞行、一边加水。要加水的时候，就飞近水面，把抽水管伸入水中。例如加拿大航空公司生产的 CL-415 型水上飞机，就是特别为消防而打造的飞机。它可以运送超过 6000 升的消防水，飞行途中只需要 10 秒钟就可以加满水。

## 垂直起降飞机

垂直起降飞机主要是为军事用途而设计的。它和一般的飞机一样是靠机翼飞行，不同的是，它不需要起飞及降落跑道，所以兼具了一般飞机速度快的优点，以及直升机不需要跑道的方便性。可惜的是，这种飞机并没有变得普及，原因在于技术太复杂，而且造价昂贵。

## 农用飞机

有些飞机专门用于农业生产的工作上，例如从空中喷洒肥料或农药，所以需要有个大水箱。最重要的是，它们必须飞得很慢，要不然很难均匀喷洒到农田的每一个角落。

## 垂直起降飞机

V-22 鱼鹰式倾斜旋翼机也是一种旋翼飞机，只不过它可以像直升机那样，垂直起飞或降落。两个螺旋翼安装在机翼的最外侧，可以旋转成朝上的垂直方向，因此能够垂直起飞。升空之后，飞行员控制两个螺旋翼，让它们慢慢地向前转 90 度，就可以像一般的飞机那样正常飞行。

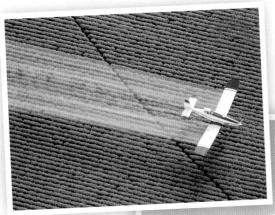

这架波兰航空公司生产的 M-18 型飞机正飞过油菜田上空。它的机翼下方安装了许多喷嘴，可以喷洒农药到田里。

这架超级运输机是由空中客车 A300 改造而成的，绰号叫"大白鲸"，因为它的样子就像只白色的鲸鱼，而且机身庞大。它的"肚量"大到可以用来载运其他飞机的半成品，例如空中客车 A320 的整座机身，或是好几副机翼。

## 空中加油机

空中加油机可以说是个空中加油站，其他飞机可以飞到它旁边来，在空中补充油料。空中加油机在空中拖着一条长长的尾巴，这就是输油管。输油管的末端有个长得像羽毛球的漏斗。想要加油的飞机，在驾驶舱附近有个受油管，飞行员必须慢慢地飞近加油机，对准漏斗，让受油管滑进去。空中加油机每分钟能输入3000升油，很快就可以加满。

## 救援直升机

如果发生山难或在高速公路上出了车祸，需要紧急医疗救助，就是救援直升机大显身手的时候了。它可以快速飞越堵塞的道路抵达现场，不但不需要多少着陆空间，而且还配备了跟救护车一样的医疗设备。救援直升机上面有担架、医药、医疗器材，还有急诊医生。要是事故现场在深山或海面，无法降落，可以从直升机上用绳索把救援人员放下来，让他们把伤员吊挂在绳索上，再用直升机的绞轮拉上去。

**加油！**

几乎只有军用飞机才会进行空中加油。一般的民航客机都是在地面事先加满航程所需的油料。

森林里发生大火时，若燃烧的火场离湖泊或河流的距离在10千米以内，这架加拿大航空公司生产的CL-415消防飞机，可以在1小时内，把超过5万升的水泼洒到火灾现场！

真是海阔天空啊！这是飞机制造商所想象的未来世界的飞机。

这架"阳光动力号"太阳能飞机的机翼上总共安装了12000块太阳能电池。这些太阳能电池产生的电能，可以推动4台电动机，总共产生40马力的动力。

"阳光动力"号在2013年横越北美洲大陆。驾驶这架飞机的人，就是曾经在1999年搭着热气球环游世界的瑞士人伯特兰·皮卡德。

# 未来世界的飞机

现在的载客飞机看起来都很相似：一个长长的机身，两个机翼，每边挂着一个或两个发动机。它们会继续保持这种模样吗？飞机未来的模样会有什么改变吗？有些科学家相信，如果完全不要机身，而是把客舱、行李舱、油料箱等所有东西，全部都塞到一个大机翼里面的话，可能会更实际一点，这样做可以减轻许多不必要的重量，也可以节省油料。不过这种只有机翼的飞机，有些技术上的问题还没有解决，但是可以想象的是，待在这种飞机里面，不会像现在这种机身和机翼分开的飞机那么安静。

## 用电力飞行

当有一天，地球上所有的石油都开采完了，就再也没有航空燃油可以用了。因此科学家正在思考如何节省飞机的燃料，或是用电来作为飞机的动力。虽然现在已经有了太阳能飞机，但太阳能电池所产生的电力，还不够用来让所有乘客和他们的行李一起飞上天空。

在这种客舱里，每个座位都是靠窗的。我们未来是否真能搭乘这种飞机旅行呢？

拥有一辆可以飞上天空的汽车，这个主意如何？听起来好像只有在科幻电影里才会出现，但事实上真的有这种会飞的汽车！它叫作"Transition（飞跃）"，售价超过 100 万人民币。在美国，它可以开上公路、开往机场，然后就从机场直接起飞。当然啦，驾驶这样的汽车除了要有驾驶执照，飞行执照也不可少。

整个宽敞的机身就是个大机翼，发动机不是挂在机翼下面，而是机身上面。这种"X-48"的设计就是只有机翼的飞机。也许真有一天，我们会搭乘着这样的飞机在空中飞翔。

瑞士一名飞行员伊夫·罗西，2013 年穿戴着喷气式飞行翼，环绕着日本最高的富士山飞了一圈。这种飞行装备是用 4 个小型喷气式发动机驱动的，时速高达 300 千米。用这样独特的方式体验飞行，真可以说是豪气冲天！也许，未来这种飞行机器有可能成为日常交通工具。

# 近距离接触飞机

你也有飞行梦想吗？迫不及待想要进入飞行学校实现愿望？如今就有一些好办法，可以让你更接近真正的飞机！例如到博物馆去参观。光是在德国就有三十几座博物馆，在里面除了可以看到很多飞机的原型之外，还能够学习到很多关于飞行的知识。

## 在飞行模拟器里成为飞行员

想驾驶喷气式飞机，但是没受过飞行训练，也可以试试看吗？当然可以，利用飞行模拟器就可以练习开飞机！在德国的许多城市里，游客可以参与迷你课程，在飞行模拟器里亲自驾驶飞机。体验"飞行"的费用约为400元人民币，大部分是采用小型螺旋桨飞机的模拟器。想要待在喷气式飞机的驾驶舱里的话，每小时至少要花费2000元，这是单人的价格，不过可以三个人分摊一小时的花费。

在德国博登湖旁边的菲特列港有个齐柏林博物馆。那里有艘仿造的齐柏林飞艇，游客可以入内参观。

德国辛斯海姆的汽车与技术博物馆里，停放了两架超音速喷气式客机：法国宇航和英国飞机公司联合制造的"协和"号，以及苏联图波列夫设计局制造的"Tu-144"。

在德国慕尼黑附近的施莱斯海姆有个飞机博物馆，属于德意志博物馆的分馆，里面搜集了形形色色的螺旋桨飞机、喷气式飞机、滑翔机和直升机。

一般飞行模拟机在使用规定上，有最小年龄和身高的限制，需要事先确认一下自己能不能进去。

## 你相信吗？

有大到不能用手投射出去的纸飞机吗？这架巨型的纸飞机，于 2012 年 3 月 21 日，在美国亚利桑那沙漠上飞行。它有 14 米长、7 米宽，是由一架直升机吊到天空中放飞的，总共飞了 1.5 千米远。这架重达 360 千克的庞然大物，原设计者是名 12 岁的少年。设计师们把他所折的纸飞机，做成了等比例的放大版。

### 驾驶模型飞机！

想要亲自操纵一架飞机，不见得非要坐在飞机上不可，也可以玩遥控模型飞机呀！市面上有许多等比例的缩小版模型飞机，包括螺旋桨飞机、双翼飞机、滑翔机，以及直升机等。动力来源有内燃机或电动机，有些进阶的玩家还会装上真正的涡轮喷气发动机。在德国，模型飞机的重量限制是 5 千克以下，而且必须距离机场及住宅区 1.5 千米以上才可以飞。如果要飞更大型的模型飞机的话，必须拥有模型飞机执照。可以玩模型飞机的场地在哪里呢？通常可以在模型飞机协会咨询到。德国就有超过 1300 个模型飞机的飞行场呢！

## 折一架自己的飞机！

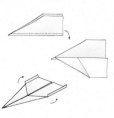

用一张 A4 大小的纸，可以很容易折出一架纸飞机，让它在空中飞翔。

# 名词解释

机翼面积一样大的时候，双翼飞机的翅膀长度只有单翼飞机的一半。

**升 力**：由流线型机翼所产生的往上推的力量。这种力量来自快速通过机翼的气流。

**自动飞行系统**：由计算机和仪器设备代替飞行员操纵飞机的系统。计算机里面预先设定了飞行高度、飞行速度及飞航路线。

**办理登机手续**：乘客在候机厅必须出示证件，托运行李，换取标有位置的登机牌。

**压力舱**：在高空飞行的时候，由于机外的空气非常稀薄、气压太低，所以机舱必须密封，以空气压缩机保持舱内的压力。客舱、驾驶舱和一部分的货舱，都必须保持气密。

**起落架**：飞机在机鼻下面以及机身的中间安装着机轮的脚架。在空中飞行的时候，轮子和脚架会造成很大的阻力，必须收到机舱里，只有起飞和降落的时候，才会放下来，所以就叫起落架。

**空中交通管制员**：简称管制员。在机场塔台或雷达室里，指挥地面及空中飞机交通的工作人员。

**滑 翔**：是一种不用动力的飞行技巧。滑翔机只做滑翔飞行，大型客机有时候也会滑翔。

**登机口**：也称为闸门。在机场里，必须认识英文单词"gate"，这是旅客进出飞机的重要通道。

**升降舵**：位于飞机尾部，是飞行员用来控制飞机爬升或下降的装置。

**航空煤油**：喷气发动机飞机专用的航空燃油。

**凝结云**：喷气发动机所产生的长条状云雾，是发动机产生的热空气遇冷凝结而成的。

**飞 艇**：可操纵的巨大飞行器，浮力来自充满气体的巨大气球。由于所充的气体比空气还要轻，因而提供了足够的浮力。

**导 航**：导航设备是飞行员用来判断飞机位置的仪器。以前的飞行员只能依赖眼睛观察地面明显的景观，来判断自己的位置与方向。

**雷 达**：一种可以探测并显示远方物体的仪器。飞机上都装有气象雷达。航空管制站也有雷达，用来追踪附近每架飞机的动向。

**紧急逃生滑梯**：飞机出口处用来紧急疏散的充气滑梯。飞机迫降之后，它会自行充气并伸展开来。

**副 翼**：飞机机翼后缘可以活动的部分。这是飞行员用来操纵机身向左或向右倾斜，让飞机可以做滚转动作的装置。

**滑行道**：飞机场内让飞机滑行到起降跑道的区域。

**方向舵**：飞机垂直尾翼后缘可以活动的部分，就像船的方向舵一样。飞行员借由控制方向舵，可以让飞机转向左边或右边。

**操纵杆**：位于飞机驾驶座旁边，用来控制飞机仰角或倾斜角度的重要驾驶杆。

**航站楼**：机场内的一个设施。内有售票处、检票处、安检设施、商店和候机室。

**飞越大西洋**：飞行越过大西洋的时候，往西方飞行所花的时间，会比往东方来得久。因为地球的自转是由西向东，所以由东向西飞的时候是逆风。

**舵 柄**：飞机在陆地上滑行时，飞行员用来操纵飞机滑行方向的控制杆。

**上升气流**：指的是一股往上蹿升的温暖空气。在地球表面，特定的区域会因为地面受到阳光照射加热，而产生热气流。滑翔机常常利用这种热气流来提升自己的飞行高度。

**机 翼**：飞机的翅膀。当空气以足够高的速度流过它的时候，翅膀就会产生向上的升力。机翼并不是完全僵直的，而是灵活有弹性的。大型飞机的油箱往往藏在机翼里头。

**发动机**：飞机的动力来源。涡轮喷气发动机通常安装在机翼的下方，或是飞机的尾部。现代大部分的飞机只有两个喷气发动机。螺旋桨飞机的活塞式航空发动机则是安装在机鼻的位置。

**涡轮发动机**：喷气机的动力来源。是由层层的扇叶、燃烧室和压缩机，以及喷嘴所构成的发动机。

**乱 流**：空气中看不见的上升或下降气流，会使得飞机突然快速上升或急剧下降，如果飞行员处理不当，就会发生危险。

**停机坪**：机场上紧靠候机楼群的区域，供飞机停放。此外，不同于滑行道，这里还停有助航设备。

## 内 容 提 要

本书向孩子展示了人类的飞行梦想，告诉我们飞机发动机是如何工作的，机场中又有哪些玄机，带领我们走进飞机的世界，了解飞机在空中自由飞翔的奥秘。《德国少年儿童百科知识全书·珍藏版》是一套引进自德国的知名少儿科普读物，内容丰富、门类齐全，内容涉及自然、地理、动物、植物、天文、地质、科技、人文等多个学科领域。本书运用丰富而精美的图片、生动的实例和青少年能够理解的语言来解释复杂的科学现象，非常适合 7 岁以上的孩子阅读。全套图书系统地、全方位地介绍了各个门类的知识，书中体现出德国人严谨的逻辑思维方式，相信对拓宽孩子的知识视野将起到积极作用。

**图书在版编目（CIP）数据**

飞机的秘密 /（德）马丁·卡鲁札著 ； 林碧清译
. —— 北京 ： 航空工业出版社，2021.10（2024.11 重印）
（德国少年儿童百科知识全书 ： 珍藏版）
ISBN 978-7-5165-2755-9

Ⅰ．①飞… Ⅱ．①马… ②林… Ⅲ．①飞机—少儿读物 Ⅳ．① V271-49

中国版本图书馆 CIP 数据核字（2021）第 200047 号

**著作权合同登记号**
**图字 01-2021-3730**

Flugzeuge. Der Traum vom Fliegen
By Martin Kaluza
© 2014 TESSLOFF VERLAG, Nuremberg, Germany, www.tessloff.com
© 2021 Dolphin Media, Ltd., Wuhan, P.R. China
for this edition in the simplified Chinese language
本书中文简体字版权经德国 Tessloff 出版社授予海豚传媒股份有限公司，由航空工业出版社独家出版发行。
版权所有，侵权必究。

飞机的秘密
Feiji De Mimi

航空工业出版社出版发行
（北京市朝阳区京顺路 5 号曙光大厦 C 座四层 100028）
发行部电话：010-85672663 010-85672683

鹤山雅图仕印刷有限公司印刷
全国各地新华书店经售
2021 年 10 月第 1 版
2024 年 11 月第 9 次印刷
开本：889×1194 1/16
字数：50 千字
印张：3.5
定价：35.00 元

 船的故事 从独木舟到远洋帆船

 飞机的秘密 人类飞行的梦想

 火山探秘 来自地底的火焰

 七大奇迹 上古时期的宝藏

 汽车世界 精彩的汽车发展史

 鲨鱼家族 海洋里的冷血猎手

 百变天气 阳光、风和暴雨

 穿越大自然 探究与保护

 鲸和海豚 海洋里的哺乳动物

 恐龙王国 永远消失的地球霸主

 矿物与岩石 闪闪发亮的宝藏

 爬行与两栖动物 蜥蜴、蛙类和巨蟒

 大自然的力量 难以估量的威力

 改变世界的电 高电压与超导体

 各种各样的鱼 水下的奇妙世界

 猫的家族 known

 奇境森林 动物和植物的天堂

 忠诚的狗 四只爪子的英雄

 浩瀚宇宙 宇宙的秘密

 狼的故事 走进荒野猎食像的领地

 蚂蚁和白蚁 了不起的建筑师

 美丽的蝴蝶 色彩斑斓的自然精灵

 蜜蜂和胡蜂 甜蜜的蜂蜜与可怕的蜇针

 潜水的魅力 潜入水下的迷人世界

 古老的希腊文明 城邦、英雄和诗人

 古罗马生活 古罗马城的社会百态

 欧洲风情 人口、国家和文化

 骑士时代 城堡、比武大会和贵族女性

 舞动的音符 走进音乐的奇妙世界

 古老的城堡 中世纪的见证

 熊的秘密生活 棕熊、大熊猫、北极熊

 化石档案 生命的烙迹

 奇妙的昆虫 六条腿的生存艺术家

 极地世界 生活在冰雪王国

 神秘的蜘蛛 丝线上的猎手

 大象王国 高和的"巨人"

 海底宝藏 沉没的宝藏

 海洋之谜 海洋研究与保护

 火星登陆 红色星球定居计划

 忙碌的农场 动物、植物与农业机械

 时尚魅影 时尚的古与今

 全球气候 冰期和气候变化